CAOGUO
ZHONGZHI JISHU

草果种植技术

《云南高原特色农业系列丛书》编委会　编

主　　编◎杨士吉
本册主编◎张永平

U0229484

云南出版集团
YNKJ 云南科技出版社
·昆明·

图书在版编目（CIP）数据

草果种植技术 /《云南高原特色农业系列丛书》编委会编 . -- 昆明 : 云南科技出版社，2021.11
（云南高原特色农业系列丛书）
ISBN 978-7-5587-3766-4

Ⅰ . ①草… Ⅱ . ①云… Ⅲ . ①草豆蔻—栽培技术
Ⅳ . ① S567.23

中国版本图书馆 CIP 数据核字（2021）第 214838 号

草果种植技术

《云南高原特色农业系列丛书》编委会　编

出　版　人：温　翔
责任编辑：唐坤红　洪丽春　曾　芫　张　朝
助理编辑：龚萌萌
责任校对：张舒园
装帧设计：余仲勋
责任印制：蒋丽芬

书　　号：ISBN 978-7-5587-3766-4
印　　刷：云南灵彩印务包装有限公司印刷
开　　本：889mm×1194mm　1/32
印　　张：2.875
字　　数：67 千字
版　　次：2021 年 11 月第 1 版
印　　次：2021 年 11 月第 1 次印刷
定　　价：18.00 元

出版发行：云南出版集团　云南科技出版社
地　　址：昆明市环城西路 609 号
电　　话：0871-64114090

编 委 会

前　言

　　草果，又名草果仁、草果子，具有燥湿除寒，祛痰截疟，消食化乱的功能，主治疟疾、痰饮痞满、脘腹冷痛、反胃、呕吐、泻痢、食积等。国内除依靠采收野生资源外，目前仍需从国外进口。草果主要分布在越南，我国产于广西壮族自治区、云南省。

　　草果为多年生草本植物，植株高2～2.5米，根状茎横走，粗壮有节，地上茎直立，丛生。叶排成2列，叶片长椭圆形或狭长圆形，先端渐尖，基部渐狭，全缘，叶两面光滑无毛，叶鞘开放，包茎，叶舌长0.8～1.2厘米；穗状花序从根茎抽出，每一花序有5～30朵花，花黄或红色；蒴果密集，长圆形或卵状椭圆形，顶端有宿存的花柱，熟时红色，外表面具有不规则皱纹，内有多角形种子。花期4～5月，果期6～11月。

　　本书根据我省不同地区草果栽培的特点，重点介绍了草果生物学特征、育苗技术、水肥管理、病虫害防治等，附以图片和文字说明。本书通俗易懂，具有较强的科学性、实用性和可操作性，主要供草果学习使用。同时，也可作为基层农技人员指导农业生产的实用工具书。由于我们的水平有限，加之成稿仓促，书中缺点在所难免，如有不妥之处，欢迎读者批评指正。

目　录

第八篇　草果的采收与加工

第一篇 草果概述

　　草果（*Amomum tsaoko*）为姜科豆蔻属多年生宿根草本植物，生长在热带、亚热带1300～1800米高海拔荫蔽潮湿的林中地带，是典型的高原林下经济作物，为《中国药典》（2010年）收载的常用中药及食用调味佳品。据统计，草果全国年需求量约为2200吨，国内生产量与需要量之间的差距甚大，目前还不能满足市场需求。

一、草果的产地分布

　　草果主要分布于我国云南省东南部和广西壮族自治区的西部、贵州、四川南部、广东等地，越南也有分布。我国草果栽培主要在云南，产量占全国总产的95%以上，主要分布于红河、文山、西双版纳、德宏、保山、普洱、临沧

等州（市）的31个县，红河州的金平、元阳、绿春、屏边等4个县为主要集中产出地，其中又以被称为"草果之乡"的金平苗族瑶族自治县（被称为"青果之乡"）出产最多。

二、草果的功效与作用

（一）草果的功效

草果是姜科豆蔻属植物草果的果实，别名草果仁、草果子。味辛，性温，无毒。入脾经、胃经。有燥湿除寒，祛痰截疟，消食化食的功效。主治：疟疾，痰饮痞满，脘腹冷痛，反胃，呕吐，泻痢，食积。气虚或血亏，无寒湿实邪者忌服。

1. 草果仁

拣净杂质，置锅内文火炒至外壳焦黄色并微鼓起，取出稍凉，碾去壳，过筛取仁。

2. 姜草果仁

取草果仁，加姜汁与水少许，拌匀，微炒，取出，放凉。（每草果仁100千克，用鲜姜10千克取汁）草果果实呈椭圆形，长2～4.5厘米，直径1～2.5厘米。表面棕色或红棕色，具3钝棱及明显的纵沟及棱线，先端有圆形柱基，基部有果柄或果柄痕。果皮坚韧，内分3室，每室含种子7～24粒，多集结成团，黄棕色或红棕色，气芳香，味辛、辣，以个大、饱满、色红棕、气味浓者为佳。

3. 草果与草豆蔻

性味皆辛，性温，归脾胃经；功效燥湿温中。草豆蔻具有行气作用，草果行气作用几乎无；草果功能截疟，可用以寒湿偏盛之疟疾，而草豆蔻则无此作用。

4. 草果与砂仁

二药性味皆辛，温，归脾胃二经，同具化湿，行气，温中之功效。砂仁行气作用强，草果温燥作用强。故砂仁能行气和中而达止呕，安胎之效是为其独有特点。草果有截疟之特长，可用治寒湿偏盛之疟疾。

（二）草果的作用

1. 草果的药用价值

（1）单独做药

①草果治疟疾，胃中寒痰凝结，不易开解:草果、常山、知母、乌梅、槟榔、甘草、穿山甲。水煎服（《慈幼新书》草果饮）。

②草果治瘅疟，脉采弦数，但热不寒，或热多寒少，膈满能食，口苦舌干，心烦，渴水，小便黄赤，大腑不利：青皮（去白）、厚朴（姜制炒）、白术、草果仁、柴胡（去芦）、茯苓（去皮）、半夏（汤泡七次）、黄

芩、甘草（炙）各等分。细锉。每服四钱，水一盏半，姜五片，煎至七分，去滓，温服，不拘时候（《济生方》清脾汤）。

③草果治肿寒疟疾不愈，振寒少热，面青不食，或大便溏泄，小便反多：草果仁、附子（炮，去皮脐）。上等分，细锉。每服半两，水二盏，生姜七片，枣一枚，煎至七分，去滓温服，不拘时候（《济生方》果附汤）。

④草果治脾痛胀满：草果仁二个。酒煎服之（《仁斋直指方》）。

⑤草果治肠胃冷热不和，下痢赤白，及伏热泄泻，脏毒便血：草果子、甘草、地榆、枳壳（去穰，麸炒）。上等分为粗末。每服二钱，用水一盏半，煨姜一块，拍碎，同煎七分，去滓服，不拘时候（《传信适用方》草果饮）。

⑥草果治瘟疫初起，先憎寒而后发热，日后但热而无

憎寒，初起二三日，其脉不浮不沉而数，昼夜发热，日哺益甚，头身疼痛：槟榔二钱，厚朴一钱，草果仁五分，知母一钱，芍药一钱，黄芩一钱，甘草五分。用水一盏，煎八分，午后温服（《瘟疫论》达原饮）。

（2）以草果为主或适当配药

①用草果配柴胡、桂枝等14味中药组成柴桂草果汤，治疗流行性感冒300例，总有效率为95.31%。[1]

②以草果15克，诃子5克，山柰5克，官桂5克，焙干研细末，再以樟脑5克，一起入香油125克中，装入盐水瓶，密封浸泡三天后，外擦用治斑秃，治疗30例，均愈。[2]

③配知母，具有调寒热，和表里之功，善治疟证。

④配常山，可加强截疟之药力，免除常山涌吐之弊。

⑤配砂仁，增强化湿浊，温脾阳，和胃气的功效。配厚朴，化湿浊，健脾胃，行气和胃。

⑥配白豆蔻，二药相使配对，各取所长，具有较强的化湿醒脾，暖胃散寒，行气止痛，调中止呕作用。

2. 草果的食用价值

草果具有特殊浓郁的辛辣香味，能除腥气，增进食欲，是烹调佐料中的佳品，被人们誉为食品调味中的"五香之一"。

（1）草果用来烹调菜肴，可去腥除膻，增进菜肴味道，烹制鱼类和肉类时，有了草果其味更佳。

（2）炖煮牛羊肉时，放点草果，即使羊肉清香可

---

[1] 浙江中医杂志，1993，1：65。

[2] 中医药学报，1987，3：53。

口，又能驱避羊膻味。调制精卤水和烹制肉类、菜肴等增香，如草果煲牛肉；又如云南特产汽锅鸡中亦采用草果增香。

（三）草果的禁忌

气虚或血亏，无寒湿实邪者忌服。

（1）《本草蒙筌》：大耗元阳，老弱虚羸，切宜戒之。

（2）《本草经疏》：凡疟不由于瘴气；心痛胃脘痛由于火而不由于寒；湿热瘀滞，暑气外侵而成滞下赤白、里急后重及泄泻暴注、口渴；湿热侵脾因作胀满或小水不利，咸属暑气温热，皆不当用。

（3）《本草备要》：忌铁。

禁忌人群：气虚或血虚的体弱者切勿多食，以免耗伤正气；阴虚火旺者也不可服，防其温燥伤阴。

三、草果的种植前景与效益

（一）种植前景

草果开始种植到结果期间大约需要三年时间，一般可以连续结果几十年。其受益时间也非常长，有着较高的利润空间。并且草果的成熟时间一般在普通作物采收结束后，错开了采收高峰期。近几年草果的市场需求猛升，带动了很多农民的种植积极性，成了致富增收的好项目，而且现在草果的市场价格也比较可观。我国每年的需求量都多达上万吨，所以就目前而言，草果的种植前景还是非常不错的。

（二）种植效益

草果的种植技术是比较简单的，管理起来也比较粗放。生长能力强，产量较高，因此我们在种植的时候种植投入是比较少的。种苗价格、土地租金再加上管理、浇水、除草等各项管理工作，总投入在2000～3000元/亩[①]。而正常种植管理下，一亩可生产草果500千克左右，现在草果的收购价在27元/千克左右。因此，一亩种植的产值在13000元左右，然后除去种植成本，一亩种植效益大约在10000元。

---

① 亩，土地面积单位，1亩≈666.67平方米，全书同。

第二篇　草果的生物学特征和生态习性

一、草果的生物学特征

（一）根　系

草果根系分支撑根（其实
为茎）、营养根。支撑根即为
主茎下部肥大似姜，粗壮有节
的横走根状茎。营养根是生长
在支撑根两侧和顶端较细的粉
红色须根，入土10～30厘米，
能生长到1～2米长，起吸收养
分和水分的作用。

（二）叶

草果叶2列，具短柄或无柄；叶片长椭圆形或狭长圆
形，长约55厘米，宽达20厘米，先端渐尖，基部渐狭，全
缘、边缘被膜质，叶两面均光滑无毛；叶鞘开放，包茎，
叶舌长0.8～1.2厘米。

（三）茎

草果茎分直立茎和根状茎。

1. **直立茎**

直立茎由横走根茎上的叶芽生出，丛生状，高达
2.5~4米，深绿色，基部带有紫红色，其内浅黄色肉质，
圆柱形有节，直立或随坡势生长，一般有叶片12~16片。

2. **根状茎**

根状茎在地下匍匐延伸，又称匍匐茎，由直立茎基
部膨大处和根状茎节间向两侧对称生出新的匍匐茎，有
8~11条，入土深度10~20厘米，长30~80厘米，粗2~3
厘米，起支撑和储蓄养分
的作用。根状茎生长到一
定的程度便会向上抽出新
芽，次年长成新的植株
（直立茎）。根状茎上鳞
片内的潜伏芽可萌发出花
芽和叶芽，其中萌发出的
花芽可长成花穗，萌发出
叶芽则长成直立茎，开花
结果后与其相近的那根直
立茎便自然枯萎。

（四）花

穗状花序，根茎生出，呈球形，每穗有花60~120
朵。花两性，螺旋状排列在花穗轴上，小花外有紫红色苞
片，层层包住，故未开放的花穗外观为紫红色。开放时，

自下而上地以顺时针方向螺旋状上升逐渐开花，先开的花先谢。总花苞长约18厘米，披密集的紫红色苞片，苞片椭圆形先端逐渐变尖，长5.5～9.5厘米，宽2.5～3.5厘米，顶端渐尖，草质。苞片内每一小花披一小苞片，小苞片浅紫红色玻针形，长3.5～4厘米，宽0.8厘米，先端渐尖，萼片管状，长约2.5厘米，宽0.7厘米，一侧裂至中部，先端二齿裂，花冠金黄色，花冠管长约3厘米，长椭圆形，唇瓣椭圆形，长约3.5厘米，宽约0.4厘米，先端微齿裂，边缘波状，中脉肉质肥厚，上有两条深红色条纹，花药长1.8厘米，花药中间裂片扇形，两侧裂片稍狭，具两药房，雌蕊1枚，位于雄蕊药室稍上部，柱头呈椭圆状，中间微凹，花柱长4～4.5厘米，子房下位，球形，三室，胚珠多数，子房顶端有两枚蜜腺，长约0.5厘米，淡黄色。

草果的花期可分为初花期、盛花期和末花期三个阶

段。每天开放的小花数分别在初花期和盛花期形成两个突出的高峰，而在末花期为一个平缓的小峰。研究指出，草果不同花序上的小花数呈现丰富的多态性，花序发育状况和空气湿度共同影响小花的开放，未开放花序的最外一枚苞片和鳞片越宽，其小花数就越多，花序开放后，花序轴越长，小花数也越多，不同植株的花序数与开放的小花数均存在显著差异。盛花期间，每一花序平均每天开放3～4朵小花，约有71.2%的花序每天开放1～6朵小花，花序数和开放小花数分别与花序长度和宽度存在显著的正相关关系，而与开花当天的最大湿度存在显著的负相关关系。空气湿度高容易导致花朵凋谢和腐烂，从而失去继续吸引访花昆虫的作用，这一现象充分说明草果在花序日开放小花数量上表现出来的对环境变化的适应性。有研究表明，草果开花结实与花期和花序的形态特征有关。草果开花结实需要适宜的气温和相对湿度在80%以上的条件，云南南部4月底以前正处于旱季，高温低湿不利于草果的开花和结实，因而3月中旬至5月初开放的小花结实率普遍较低或不结实。一般5月初开始进入雨季，环境条件才适合草果开花结实。花序外部形态对结实率的影响主要表现在柱头受粉的难易、接受花粉量的多少以及花粉生活力的强弱等三个方面。

草果的花粉为典型的蜂媒花粉，是生活力极易受环境因子影响的细胞型花粉，在高温与低湿的条件下极易丧失生活力，花粉萌发和花粉管生长所需的最适温度是12～24℃，硼元素有显著的促进花粉萌发作用。从理论上讲，荫蔽度的大小与花粉管的萌发率没有直接关系，不会影响花粉正常的生理功能，但群体上层乔木形成的荫蔽度可以通过影响植株的营养状况，间接地调节花序的数量和小花数；荫蔽度过大会对草果的结实率产生影响。同样，草果花序分化小花的数量也会受到环境因素的影响，尤其是海拔高度不同引起的温湿度变化会对小花数产生极其显著的影响。另外，草果植株遗传特征的不同可能是造成花序结实率差异的主要原因。因此，从提高结实率的角度考虑，筛选草果优良种源，不能认为每穗小花数越多的越好。

（五）果　实

草果果实为蒴果，果实富含纤维，干后质地坚硬，果形纺锤形、卵圆形或近球形，螺旋式地密生于一个穗轴上。每穗有果15～60个，每个果长2.5～4厘米，直径1.4～2厘米，基部有短果柄，幼果鲜红色，成熟时为紫红色，烘烤以后呈棕褐色，不开裂，顶端渐狭而成厚缘，带韧性而坚硬，有比较整齐的直纹纤维。

干燥果实呈椭圆形，具三钝棱，长2～4厘米，直径1～2.5厘米。顶端有一圆形突起，基部附有短果柄。表面灰棕色至红棕色，有显著纵沟及棱线。质坚硬，破开后，内为灰白色。气味微弱，种子破碎时发出特异的臭气，味辛辣。以个大、饱满、色红棕、气味浓者为佳。6～9月果实开始成熟，变为红褐色而未开裂时采收，晒干或微火烘干。

果皮可纵向撕裂，子房3室，中轴胎座，每室含种子8～11枚。种子多面形，长5～7毫米，表面红棕色，外被

灰白色膜质假种皮，在较狭的一端具凹窝，种子破碎时散发出特异的辛辣或辛香气味。在综合草果果实的形状、颜色、气味、长宽比及种子数量

等穗部主要生物学特征的基础上，研究发现，在云南省金平县共有4种不同类型的草果栽培种，分别是"圆红辛辣香""圆黄苹果香""椭红辛辣香"和"梭红辛辣香"，其中"椭红辛辣香"草果果穗的每穗小果数、结实率和小果内含种子数均表现较高，具有较高的单株产量优势。

研究指出，草果果实和种子数量性状在居群内和居群间都表现出较为丰富的多态性，种子胚珠受精率与花序结实率呈一定的正相关关系，且在不同居群间存在一定的差异。小果的重量主要取决于内含的种子数量，即小果内含种子数越多，单个小果就越重，单株产量也越高。果穗上小果的重量、种子数量的变化均按果实发育顺序呈峰状分布，而与发育顺序

没有太大关系。另外，草果种植区内的荫蔽度也显著影响草果的花序和单株的果实数，具体表现为种群密度、生殖株密度和小果粒数均与花序密度成正相关关系。

黄花中的大球果、小球果；白花中的纺锤形果，卵形果。其中纺锤形果产量高、果大，是最好的栽培品种。

（六）种　子

草果种子为多角形，长0.4～0.7厘米，宽0.3～0.5厘米，每个草果的果实内有20～66粒籽种。每个种子颗粒被一层白色海绵状薄膜所包住。种仁白色，有浓郁的清香辛辣味。平均千粒重为120～140克，每千克鲜籽种有6000～7000粒。

草果种子在萌发过程中普遍存在吸涨损伤现象，室温清水浸种4小时和25℃恒温清水浸湿48小时处理对缓解草果种子吸涨损伤的作用效果最好，同时也得出，用0.5%TTC染色48小时来测定草果种子生活力较为科学合理。或用200 毫克/升的赤霉酸溶液对草果种子进行浸种24小时，可显著提高种子的发芽率，其次是用浓度为50%的稀硫酸液处理5分钟，这说明草果致密坚硬的种皮并不

◎ 第二篇　草果的生物学特征和生态习性

是影响其萌发的主要因素，外源植物调节剂赤霉酸能促进种子的萌发，这可能是由于解除了种子休眠的缘故。另外，草果种子的萌发与环境温度也有极大的关系，在海拔相对较低、月平均温17～25℃的地区，种子的发芽率、发芽势及幼苗的出圃率均表现较高。

二、草果的生态习性

（一）草果开花结实特性

草果一般于3月下旬至4月中旬进入初花期，4月下旬至5月中旬为盛花期，5月中旬至6月下旬为末花期。花期的迟早因草果园所处的位置而异。同一果园内，南坡花期比北坡早10～15天；荫蔽度低的果园花期较荫蔽度高的果园早；在相同环境条件下，各蓬间花期差别也很大，有的可相差20～30天，这表明开花的迟早与遗传因素密切相关。草果每天开花有差异，同一蓬草果的开花期可持续约40天，同一花序的花自下而上逐渐开放，可持续20～25天，每天开3～5朵，每个花序有花50～80朵。同一蓬草果，其整个花期的日开花数呈现两个突出的高峰和一平缓的小峰，开花后第5～10天出现第一个高峰，第15～30天出现第

二个高峰，第30~45天为一平缓小峰，与此相对应的是其初花期、盛花期和末花期。同样，进入开花状态的花序日增数呈现一个高峰区和两个平缓区，拟合一正态分布曲线。同一果园，各蓬草果逐渐进入花期，其日开花数形成一个正态分布图，花期可持续80~90天。由于盛花期的日开花数多，占总花数的50%以上，所以在盛花期的短期不良环境条件会对结实造成极大的影响。

草果花在授粉后5~10天，子房开始膨大，20~30天处于快速增大的时期，在此时期内果实的纵径与横径迅速增长，50天后则增长减缓，果实渐趋定型，整个增长曲线呈"S"形。从授粉到果实定型约需60天，而至果实成熟则需约120天。幼果淡黄色，逐渐变成浅红色、红色，果实定型时多变为紫红色，也有过渡的中间颜色。草果落花落果的现象很严重，蓬间差异很大，同一蓬草果的不同花

序间差异也很大。蓬间差异主要是由于开花期的迟早、柱头形态及其生理状况的不同造成的，即由于遗传素质的不同造成的；而后者则是由花序开花的先后与植株营

养供给能力导致的。落花落果率的高低很大程度上取决于柱头接受花粉量的多寡与授粉时环境条件的好坏。开花早的花序由于处于旱季，落花率最高，大多在85%～95%，有的为100%。一般情况下，湿季落花率在40%～60%，落果率为10%～20%。随着幼果纵横径的增大，落果率明显降低。

（二）环境因子对开花结实的影响

1. 昆虫

由于草果植株具有二型性，传粉昆虫成为两类植株间异花传粉的重要媒介。传粉昆虫的种类、形态、行为及其数量是决定草果植株能否结实和结实率高低的先决条件之一。草果花完全开放时，柱头与唇瓣间的垂直距离约5毫米。体形小的昆虫，如蚂蚁、蜜蜂，不宜作传粉昆虫，它们的行为对传粉不起作用或作用甚微，而且其传粉以花粉为主；相反，体形较大的熊蜂类，如云南熊蜂和滇熊蜂，不仅体形合适，背部有毛，易携带花粉，而且以花蜜而不是花粉作为传粉的中间体，所以熊蜂是草果的专性传粉昆

虫。不同果园熊蜂的种类、数量在花期的不同阶段也有很大的变化，这对结实率有较大的影响。蚂蚁舔吸花蜜时，往往把花柱咬断或使花柱脱离花药，几种鳞翅目昆虫的幼虫以花为食，对传粉都不利。

2. 光

草果为半阴生植物，喜散射光，要求光照强度在1000～10000勒克斯之间，以4000～8000勒克斯为宜，相应的荫蔽度为50%～60%，植株才能正常生长发育。荫蔽度低时，虽然能增加单位面积的植株数量和花序数，但往往开花早，造成花而不实；若蓬间距离大，阳光直射于花，造成花不开放或开花时间短，同时加速花粉、柱头活力的下降，而且长时间的强光照射会灼伤叶片。荫蔽度过高，光照强度在1000勒克斯以下，严重影响叶片的光合作用，营养生长不良，致使植株细弱和出现散蓬现象，单位面积的植株数量和花序数明显减少，落果率增加。

在草果主产区常常可以看到：成龄以后的草果地遮阴度仍保持75%～80%时，植株即表现为稀疏、瘦弱、花果少、产量低；如果遮阴度过小或无荫蔽时，植株多表现为叶片枯黄，寿命短。冬季易受霜冻或被干旱所威胁而死

亡。但是，不通风、不透光的稠密树林下也不适宜草果生长。在红河南岸的成片草果林地，多数都以遮阴度在50%～70%的亚热带湿性常绿阔叶林中生长最好。在选择之前树种时，宜选树冠大、根系深、分枝高、叶片薄、落叶易腐烂和保水力强的树种为好。

目前多数草果园地可选择种植下列荫蔽树种为草果生长创造良好的条件。

（1）第一类是桤木树、水冬瓜、西南桦、桢楠等。这类树种有一定的保水力，荫蔽度适中，树叶落地易腐烂可做肥料，增加土壤肥力，有利于草果的生长，提高结果率，增加产量。

（2）第二类是水青冈、红椿、大叶木莲等树种，它们也有较强的保水力，土壤含水量高，可在林间开阔地种植草果。

3. 温度

草果属于亚热带耐荫性宿根高裸草本植物，适于生长在冬暖夏凉的南亚热带常绿阔叶林地植被之下，年平均温度在14.5～19℃的局部环境中适合草果的生长发育，林内温度要求8～20℃，草果适应温暖气候，怕夏季的炎热和冬季的严寒。随着季节的变化，各月的温度有差异。在草果种植地区，一般4～10月平均温度可达20～23℃，1月份前后温度最低，这时平均8～10℃，全年无霜期280～340天，即使冬季会有短暂的低温（-2.3～5.9℃）也能安全越冬。但较长时间在-6℃以下即会引起不同程度的寒害。另外"倒春寒"的影响对草果的生长发育也极其不利，因为春季气温已经开始上升，由植株根部抽出的根状茎及抽生的花穗刚刚生长，"倒春寒"带来的低温造成花穗冻死或影响正常开花，从而降低了结果率。所以开花期要求气温在15～18℃，这样有利于授粉结实。但是，过高的温度，尤其是温差太大，也会影响草果的生长发育。

4. 湿度

草果喜湿怕旱。在整个生长发育过程中，需要的土壤含水量和空气湿度较高，一般土壤含水量要求达40%。草果生长地区的年降雨量需要在1000～1600毫米之间。其中80%集中在6～10月，尤其以6～8月最盛。这段时间林内气温也高，水分最充足，才能保证植株旺盛生长的需要。每年10月以后至次年的3月，降雨量虽少，但由于这段时间林内常常伴有弥漫大雾笼罩，数日不散，可弥补降雨量的不足。

空气的相对湿度能影响土壤水分的蒸发，相对地降低了草果地的旱情，草果产区一般相对湿度为80%~85%。3~5月草果开花期要求相对湿度在75%以上，在生长旺盛的6~8月，相对湿度要求在85%左右，这是决定草果能否有产量的首要条件，一般在山洼有常流水的地方，湿度都可满足这一要求，如果能引水灌溉则更好，水分缺少会严重地影响草果的生长发育。随着春季来临，气温开始回升，植株也开始随之抽笋发蓬开花，这时绵绵的春雨，增加了土壤的空气湿度，有利于新笋和花序的生长。然而花期降雨，尤其是暴雨，则会大大缩短草果的花期，也会影响昆虫活动，使花授粉不良。开花时如遇连续降雨，可能因雨水过多而造成"烂花"，使整个花苞腐烂，导致产量锐减。但是，花期如遇干旱则会造成"枯花"。果实生长阶段遇上干旱，则果实不易长大，造成大幅度减产。

5. 温、湿度共同影响

温度、湿度的变化对草果结实率影响极大，主要表现在对花的开放和对花粉、柱头生活力的影响上。高温低湿和低温高湿都是造成结实率低的重要原因。草果花期生长发育的适宜温度为12~24℃，虽然低于10℃的低温对花粉萌发有暂时的抑制作用，对生活力无大的影响，但能严重影响花的正常开放以及花药的散粉时间，柱头的行为也不能正常进行，这对传粉结实不利。低温、高温能明显地影响传粉昆虫的活动，从而影响传粉结实。

6. 纬度和海拔

目前，云南省北纬23°4′的红河州至北纬26°的怒江州都有草果种植，海拔从900~2000米的地带都能生长和开花结果，但以1200~1800米最为适宜。海拔过高，草果也能生长，但结果很少，海拔过低则生长不良或不开花结果。

土壤是草果生长发育的基础，健壮的草果是高产稳产的必要条件，草果适于生长在砂岩、页岩的山地黄壤或砖红壤，表土含有腐殖质较多，土层深厚，排水良好的沙质土上。通常以酸性或微酸性（pH值=5.5~6.5）的土壤为好。pH值低于4.5则生长不良，pH值=7的中性土壤，草果生长也较好。

草果要求土壤肥沃，肥水充足时生长健壮，产量高而稳定。排水不良的土壤不适宜种植草果，土壤瘠薄的地方

草果生长不良。草果植株的生长需要大量营养物质，这些物质大多数由土壤供给。肥料的提供主要由上层遮阴树的落叶和自身死亡的茎叶回入土中，通过微生物的分解还原作用，不断补充土壤中已经失去的无机盐，提供给草果正常生长发育的需求。在森林植被覆盖下，自然肥力较高，表土层达15～25厘米，含有机质4%～5%。森林一旦被破坏，有机质强烈分解，肥力急剧下降，草果失去生存环境。要想种好草果，一定要保护森林，并增施综合性肥料。

7. 坡度与坡位

草果在陡坡上，不仅结实少，而且经常发生翻蔸现象，因此草果应栽在凹边缓坡上，坡度在15°～35°较好。种植草果时最好能挖成梯台地。

在山腰以上的林地，土层较薄，水肥条件都比下部差，若种在山腰以上薄土层，草果生长不良，不仅植株矮小，而且结实率低，遇干旱一些的年时还会大片死亡。草果在遮阴树较少，湿度在75%左右时，阳坡生长和结实又不如阴坡的好，草果对湿度的要求有一定的局限性，多了不好，少了也不行。草果种植地的选择要考虑草果的生态习性。

第三篇　草果的品种

在草果产区，目前尚未培育出经权威部门命名或认可的草果优良品种。一般情况下，我们都是按草果果实的形状、颜色、果实大小、植株的高矮、叶片大小与质地厚薄对草果进行分类，也有按种植地进行分类的。

一、按草果的果形分

（一）纺锤形草果

纺锤形草果的主要特征是植株高大，一般在2.5米以上。叶片长75～100厘米左右，宽20厘米；花穗长18～25厘米；果形呈纺锤形，果实呈紫红色；果柄长约0.5厘米，果长4～5.5厘米，直径2～3厘米；种子呈棕褐色，每个果含种子35～60粒，种子千粒重112克，每个果穗平均结果24个。味辛辣，香味浓烈。

（二）卵圆形草果

卵圆形草果株高、果穗与纺锤形草果相似，主要特征是果形为卵圆形，果实大红色；果柄长约0.4厘米，果长3～4厘米，直径2～3厘米。种子灰白色，有光泽，每个果实含有籽粒40～68粒；种子千粒重170克，每个果穗平均结果21个。

（三）近圆形草果

近圆形草果株高2～2.5厘米，叶片长50～77厘米，宽15.5～18.5厘米；花穗长13.5厘米左右；果形呈近圆形或微卵圆形，果实为红色；果长2.5～2.8厘米，直径2.5厘米；果实排列紧密；果柄长约0.3厘米，种子茶红色，有

草果种植技术
CAOGUO ZHONGZHI JISHU

光泽，每个果实含有籽粒25～45粒；种子千粒重141克，每个果穗平均结果44个。

（四）圆形草果

圆形草果与近圆形草果相似，草果株高2～2.3厘米，叶片长45～66厘米，宽14.5～17.5厘米；花穗长13.5厘米左右；果形呈圆形，果实为红色；果长2.5～2.6厘米，宽2.5厘米；果实排列紧密；果柄长约0.2厘米，种子茶红色，有光泽，每个果实含有籽粒23～41粒；种子千粒重138克，每个果穗平均结果48个。

草果从结果量、总重量、单果平均重、平均含籽量、种子千粒重的对比来看，圆形草果与近圆形草果结果率高，产量较纺锤形草果高，但果实干燥后个头较小，含籽粒少。纺锤形草果产量低，但味道辛香。

二、按产地分

（一）金平草果

金平草果是云南省红河州金平县的特产。金平县是草果主产区，其草果品质优良，以色艳、果大、籽多、柄小、味辛辣、气味香浓而闻名。

金平是国内草果种植面积最大的县，现有草果面积6.8万亩，也是草果产量最多的县，草果久负盛名，品质较好，是名副其实的"草果之乡"。

（二）盈江草果

盈江草果是云南省德宏州盈江县的特产。草果是盈江县的传统产业，目前，盈江草果产品仅以烘干销售为主。

盈江县属南亚热带气候，具有丰富的土地资源，适宜发展草果生产。20世纪70年代初科技人员从省内草果主产区引进，经在铜壁关、卡场、苏典等山区乡镇试种，获

得成功后，开始在全县适宜地区推广种植。截至2011年，全县草果总种植面积达12万余亩，2020年，投产面积3万余亩。产鲜果23095吨，干果4619.1吨，实现农业产值1.76亿元。

（三）泸水草果

泸水草果是云南省怒江州泸水市的特产。

泸水市具有优越的地理、气候、土壤等区域优势，发展草果产业可称谓为泸水山区人民的绿色银行，不易枯竭的聚宝盆。

泸水市草果产业是怒江州百万亩中药材基地建设中的重要组成部分，从90年代开始，以发展万亩为目标的草果产业项目全面开发，到2020年全市草果种植面积达

到11.5万亩。挂果投产3万亩，年产值近6000万元，在未来两年内预计产值可跨越8000万元大关。

（四）福贡草果

福贡草果是云南省怒江州福贡县的特产。大力发展草果种植是福贡县"十一五"规划中实施百万亩林果基地建设重大项目之一。

福贡县依托境内雨量充沛、气候湿润、植被茂密、气温阴凉、无霜期较长和土壤要求适应等得天独厚的自然环

境，积极调整农业产业结构，加快转变经济发展方式，以政府主导，农户积极参与的方式大力种植草果，不断做大做强草果产业。截至目前，福贡县草果种植面积已达15万亩，种植区域覆盖全县六乡一镇。

（五）贡山草果

贡山草果是云南省怒江州贡山县的特产。草果是药食两用中药材大宗品种之一，食用量大于药用量。有特异香气，味辛、微苦，草果是一种调味香料，草果具有特殊浓郁的辛辣香味。

近年来，贡山县结合特殊县情，立足自身资源优势，从提高农民收入着手，大力发展绿色生态产业，优先发展起了草果产业，将草果产业作为农民增收的支柱产业来抓。经过多年的精心培植，贡山县草果产业目前已形成全县助农增收的主导产业，并取得了明显成效。截至2020年末，全县种植面积达98000亩，实现经济价值675万元（按投产产量计），农民人均收入233元，比"十二五"

期间增长97%，草果产业已经成为地方农民增收的重要产业。

贡山县普拉底乡是贡山草果的主要产地。截至2019年年底，全乡草果种植面积达4.5万亩，挂果面积3万亩，进入盛果期的有2.5万亩，实现人均种植面积达7亩以上，全乡草果总产量达1100吨，实现经济总收入817.4万元，草果产业成为普拉底乡各族群众的主要经济来源。

（六）马关草果

马关草果是云南省文山壮族苗族自治州马关县的特产。马关的草果种植历史悠久，规模较大，生产的草果果实味浓，深受消费者青睐，2001年被中国特产之乡组织委员会命名为"中国草果之乡"。马关草果为地理标志保护产品。

马关县草果种植历史已有200年之久，种植主要分布在篾厂、古林箐、八寨等乡镇，其中以篾厂、古林箐两个乡最多。生产的草果果实味浓，深受消费者青睐。

　　近年来，马关县高度重视生态草果种植业的发展，在调整林业产业结构中，通过大力发展林下种植草果取得新成效，不仅绿化了山地，保护了环境，也为农民致富叩开了大门。目前，全县草果种植规模已达16万亩，实现产值达1亿余元。马关草果为地理标志保护产品。

第四篇　草果育苗

草果育苗有两种，一是分株育苗，二是种子育苗。

一、分株育苗

分株育苗就是利用草果定植后3年内以分株生长为主
的习性，把一年
生的直立茎连同
基部带一部分根
茎切断拔起作种
苗的育苗方法。
这种方法育苗繁
殖系数低，难以
满足大面积栽培
对种苗的需要。

育苗方法

在春季新芽开始萌发、尚未出土前，从母株丛中选取
一年生健壮的分株，剪去下部叶片，留上部叶片2~3片，
以减少水分蒸发。将带芽根茎挖起，截长7~10厘米，
截断后栽植。按株行距1.3米×1.7米开穴，植穴规格为50
厘米×50厘米×40厘米，每穴栽1丛，覆土压实，淋足定
根水。

二、种子育苗

种子育苗是大面积栽培草果主要的育苗方法。为培育
壮苗，使其达到速生高产和稳产目的，在育苗过程中，必
须严格把握好以下几个主要环节。

（一）种子采收和种子处理

1. 种子采收

种子是培育壮苗的基础，采种母株必须选择株龄在6~8年生，群体发育良好，生长旺盛，结果多，无散蔸，无病虫害，无机械损伤的植

株。作种的果实要充分成熟，果皮鲜红或紫红色，光泽好，果大，籽粒饱满，无破损的果实。每穗果要弃其头、尾，头、尾部的特大和特小，选中部果实，每果内也要去掉果实两头的籽粒，选择饱满，光泽好的中部籽粒作种子。采种时间在农历10~11月份进行，做种的鲜果采收后不能长期堆放。做种果穗采收后应立即摊放在室内地面上，待半阴干后摘下果实，及时选种调运或准备播种。

2. 种子处理

做种的果实，播种前应把果皮撕去，留下银灰色的种子。由于种子处于被一层白色胶质纤维丝状膜包住，水分和氧气难于渗透种胚，影响种子发芽。因此，在播种前应先用30%~50%的草木灰或钙镁磷拌种，用双手反复搓揉，除去种子表面的胶质层，让水分和氧气渗入种胚，以提高种子发芽率。种子经处理后即可播种，或晾干后保存

到次年2月播种。

3. 随采随播

播种期随采随播，春秋均可，以秋播较好。春播要在气温回升到18℃以上时进行，秋播月平均气温在18～20℃以上，1个月时间，种子大量发芽出土，播后40～50天发芽率可达80%以上，12月至翌年2月发芽率可达90%以上。

（二）苗圃地的选择

育苗用的苗圃地应选在上层荫蔽度为30～60，坡度在5°～15°，排灌条件较好，土层深厚，土质疏松，表土富含有机质，东北或西北坡向的半阴常绿阔叶林下的缓坡地作苗圃地较适宜。

（三）整 地

1. 平整苗地

苗圃地选定后，在播种前8～9月份砍草烧荒、垦地，

深耕30厘米，翻耕2～3次，使表土充分风化。在播种前半个月进行人工碎土，拣尽杂草、树根、草根、石块等杂物，按1.5米开墒，沟宽0.3米，墒宽1.2米，沟深20～30厘米，做到墒面平整，土块细碎即可播种。

2. 施足底肥，适时播种

在深翻土地时，每亩施入腐熟干细农家肥1500～2000千克，钙镁磷肥50千克。

（四）播种方法

在11～12月播种较好，也可在次年2月播种。播种方法有两种，一是撒播，二是条播。

1. 撒播

把种子均匀地撒在充分细碎平整的苗床地上，然后盖细土2厘米即可。

2. 条播

按5~6厘米的距离开条播沟，种子间的距离2厘米，播后盖2厘米厚的细土，保持种子不外露即可。

3. 播种量

每亩播种8~10千克，出苗达60%~70%，每亩出苗50000~60000株，可供150~200亩地种植。

（五）苗圃地管理

1. 遮阴

出苗后立即揭草，若郁闭度不够可搭设简易荫棚遮阴。

2. 除草

苗圃地每半月除草一次，先后进行4～6次除草，做到苗圃地里无杂草，以利于草果苗的生长。

3. 间苗

及时间苗，苗高10厘米时进行间苗，间出劣质苗、过密苗，保证光、温、水、肥的均匀供给，从而培育出优质壮苗。

4. 浇水

一般7～10天浇一次水，以保证幼苗生长所需水分。

通过加强苗期管理，一年后苗高达到35厘米时即可出圃移栽。

第五篇　草果建园与定值

一、草果园地的选择

草果生长的条件要求海拔1200~1800米、郁闭度为0.5~0.7，腐殖质深厚的森林黄壤、棕壤的阴坡，土壤常年保持湿润，空气相对湿度保持在80%环境为宜。选择山谷坡地、溪边或疏林下，土壤富含腐殖质、质地疏松的沙壤土种植，贫瘠土和重黏土不宜栽种。

二、园地整理

（一）整地时间

整地时间应不影响定植时间。一般以夏末、初秋为宜，这个时段雨量少、气温高、日照长、杂草生长量大、种子尚未成熟的时候较有利于曝晒挖出来的空塘和土壤，达到改善土壤通透性和充分消灭病、虫、草害的目的。

（二）整地方法

首先清理杂草，视林地的具体情况梳枝调整郁闭度。视种植规格打塘，打塘后25~30天回塘，回塘时应先填放杂草、枯枝落叶物和地表土，约占塘深20厘米，然后用取出来的表土拌底肥回填至呈龟背状待移植。

草果园地的整理，在幼苗定植前以块状整地为主，即按照定植塘的要求距离，在定植塘周

围1米的范围内进行整地，沿山坡等高线挖鱼鳞塘，塘的规格0.5米×0.5米×0.3米，即50厘米见方，30厘米深。塘内施堆肥、厩肥和火烧土等作基肥，与表土拌匀后待植。

三、定植技术

（一）定植时间

在云南省以6月上旬至8月上旬移栽最适宜。

（二）定植密度

定植密度是指在单位面积上栽植草果苗的株数。株行距是否合理，关系着群体结构，光能和地力以及生态因素的利用，并直接影响草果的产量。密度小栽植过稀，光能和地力利用不够充分，达不到速生、稳产、高产的目的。而密度过大，植株密集，土壤营养和受光都不够，个体生长不良，产量反而下降。一般立地条件较好的地方每亩可栽植134～166株，株行距为2米×2米或2米×2.5米。在立地条件较差的地方，可以适当加大密度，每亩可栽植

222 ~ 300株，株行距为1.5米×1.5米或1米×1.5米。

种植点的排列或株行距的配置方法，可根据地形条件而定，一般采用正方形和三角形两种配置方法较好。

正方形配置株行距相等，这种配置的优点是草果叶片和根系发育均匀，便于抚育管理。

三角形配置即各株与其相邻植株之间的距离相等，这种配置能更有效地利用空间，叶片发育均匀，同时把相邻两行的种植点彼此错开，在坡上有利于水土保持。

（三）定植方法

草果移栽方法有育苗移栽和分株移植两种。

1. 育苗移栽

一般株行距为1.5米×2米，坑塘的规格为80厘米×80厘米×40厘米。这时由于幼苗已经形成了根系和茎秆，栽植后能较快地恢复正常的机能，生长快，并能抵抗不利条件。因此，凡是在有条件的地区，都应采用这种方法。为了提高移栽成活率和保证质量，移栽时使用的幼苗要生长健壮，苗高一般要求是35 ~ 40厘米，径粗1厘米以上，根系8 ~ 12条，无病虫害、无机械损伤。移栽时，按栽植密

度，每塘栽植2~3苗。要使苗木根系在塘中自然舒展，填土后用脚踩压，使根系与土壤密切结合。在栽植过程中，要注意保护苗木不受损伤，特别是根系不能暴晒和裸露时间过长，栽不完的种苗要假植在林荫下，避免失水萎蔫。

2. 分株移植

分株移植的株行距一般为2~3米，坑塘的规格为0.7米×0.6米×0.3米。把按分株繁殖法所述的方式进行分株，尽快定向移植到挖好的坑塘中，移植时将根状茎及须根埋入土中，深8~10厘米，用土压紧，再用细土盖好。

第六篇　草果的管理

一、幼龄期草果的管理

幼龄期是从幼苗移栽后到始花结果的这段时期，大约需三年时间。在这段时期幼苗主要以分株生长为主。主要工作是除草，为使幼苗不受杂草、小灌木的侵害，每年应进行三次除草。第一次在雨季来临前3～5月份进行，以保证幼苗进入雨季时有充足的水分、养分吸收；第二次在7～8月份进行，由于气温高，雨量充足，幼苗和杂草生长都旺盛，要及时除去草果园内的杂草及小灌木，为幼苗生长创造良好的环境条件。第三次宜在冬季11～12月份结合追肥进行除草松土，切断土壤毛细管，减少水分蒸发，避

免低湿寒害和干旱侵袭。同时，还要进行查苗补缺塘。在幼龄期管理中，要经常进行检查，发现栽植不正的幼苗，要及时培土扶正，如发现死苗缺塘要及时补栽，以免因缺苗过多而影响产量。

二、成株期草果的管理

成株期从始花结果到植株衰老期，即从移栽后第3年到第15年以后。这段时期植株经过分株生长已形成了一定的群体，同时进入开花结果期。此时既要满足植株生长对水分、养分的需要，又要保证开花结果对水分、养分的要求。这段时期管理的主要工作是除草、施肥、浇水、培土、调整荫蔽度等，遇天旱，要开沟引水进行浇灌，雨量过多会造成落花烂蕾，要随时清除杂草及花蕾周围的杂物，使其通风透光，以减少烂果烂蕾。开花时应注意

保护根部和花蕾，防止鼠害，严禁在草果园周围伐木，烧山，放牧，以免生态失去平衡，草果受害。大的抚育管理

每年进行三次。第一次在3～4月进行，此时正是草果开花季节，为防止杂草与草果争水争肥以及枯枝落叶遮盖花穗，影响草果开花和昆虫传粉，要及时清除杂草和植株下部的枯枝落叶。第二次应在7～8月进行，主要是除去杂草，使养分集中，促进果实壮大，籽粒饱满。第三次应在10～11份收果后进行，除把林地的杂草清除，还要砍去当年的枯、残、病弱茎秆。以便改善林内的通风透光条件，促进花、叶芽分化。

三、排水灌溉

在开花季节，如果雨量过多，会造成烂花，反之，过于干旱，花易干枯，造成减产。因此，若遇干旱，有条件的应引水灌溉。如雨水过多，应做好排水工作，除净杂草，降低湿度，以减少花蕾腐烂。在开花季节，如果在5～7月份能降一次雨，对结果和保果有利，产量也高。

四、更新修剪

草果叶片每年都要更新，枯死的老株应及时割除，以利新株生长。修剪时可适当采收一些过密枝、叶，可用于精油生产。修剪采叶时间在10～11月份果实收获后进行。

五、草果施肥

草果幼龄期需肥不多，林地内的肥分基本能满足。结果期需肥量大，如果不及时追肥，就会影响草果生长势而导致产量下降，甚至缩短草果寿命，所以必须及时施肥。施肥时间一般在11～12月草果采收后，每丛施腐熟农家肥1.5千克，普钙0.5千克，干腐殖土3千克，拌匀施下，施肥深度5～10厘米，肥料应施于植株根尖部位10～20厘米处，这样较易被植株吸收。

草果林地的施肥分为成龄期施肥和幼龄期施肥。两个

时段的施肥都显得十分重要。一般幼龄期即在定植后至开花前，约3年。这期间林地内土层腐殖质较丰富，土壤湿润疏松，十分肥沃，幼苗定植以后就地吸收养分，且上层还不断有落叶在地面自行腐烂形成新的肥源给予补充，幼龄期所需营养基本得到保证。所以，根据幼苗生长情况，只需在冬季适当增施些磷钾肥或草木灰，以增强植株的抗寒能力。但对于瘦薄贫瘠的土壤，则必须勤施、薄施农家肥、化肥等作为养分补充。

草果进入成龄期后，每年都要开花结果，由于植株固定生长在一个地方，土壤养分为供植株生长、开花、结果被不断消耗，林地养分不足，如果不及时给予补充，就会直接影响草果的长势，产量也会随之逐年下降，从而大大缩短草果的经济寿命。所以必须及时施肥，施肥时间一般在11~12月草果采收后进行，把老植株砍除后，每丛施腐熟干细农家肥1.5千克，钙镁磷0.5千克，腐殖土（山基土）3~5千克，拌匀后直接撒施于草果丛下。

马关县草果肥料试验结果表明，施肥能有效促进草果营养枝叶和花芽的分化，显著提高结实率，进而提高单株产量。施肥条件下的植株叶芽和每株穗数、结实率及单株产量分别比不施肥的提高了24.4%~24.9%、22%~97.6%、5.4%~36.9%和72.4%~442.3%；不同施肥条件下的叶芽数量和单株产量间存在显著差异，而每株穗数及结实率并无差异。施用钾肥的单株鲜重产量可达8.46千克/株，比不施肥的高44.3%，施用复合肥后单株产量最高的可达7.82千克/株，比对照高41.3%。郭东华等采用外源植物生长调节剂对草果植株进行喷施的试验结果表明，在草果的盛花期喷施调节剂后，可显著提高草果的结实率、穗鲜重和单株产量，其中又以2,4-D、2,4-D钠盐、6-BA-23和矮壮素这4种调节剂效果最为显著。另外，高治中通过正交试验进行的肥料和激素试验指出，施用一定量的磷肥、复合肥或赤霉酸均能显著提高草果的小果重和结实率，分别比对照处理提高了65.4%和94.0%。

六、草果地的培土

由于草果是多年生常绿草本植物，根茎沿地表蔓延，因此，栽培后地面无法进行彻底松土及深挖，否则易将须根挖断，对衰老"散蔸"的植株，每年都要适量培土，促进植株的分株和根系的生长，一般培土不宜过多，以不覆盖横走根茎的芽为宜，开花季节千万不可培土，否则会将草果花蕾捂起来，导致腐烂、减产。培土的时间应在收草果后的12月左右进行，也可与施肥结合进行。

七、保花保果技术

（一）草果坐果率低的原因

天气环境对农作物的生长是十分重要的，但是"天有不测风云"，每年当中都要发生很多的自然灾害，气候的变化总是让人琢磨不透的。特别是这些年气候的变化更是反复无常的，如在2008年初春时，云南省出现的

冻雨现象；2009年冬到2010年，云南省等地出现的大旱现象等，都对人们的生活造成很大的影响，同时也给农民的

农业生产造成极大的伤害。在大自然中还有很多别的气象灾害，如旱涝、霜冻、冷害、冰雹、大风、干热风等。

温度、湿度的变化对草果结实率影响极大，主要表现在对花的开放和对花粉、柱头生活力的影响

◎ 第六篇 草果的管理

55

上。高温低湿和低温高湿都是造成结实率低的重要原因。草果花期生长发育的适宜温度为12～24℃，虽然低于10℃的低温对花粉萌发有暂时的抑制作用，对生活力无大的影响，但能严重影响花的正常开放以及花药的散粉时间，柱头的行为也不能正常进行，这对传粉结实不利。

（二）提高草果坐果率的措施

在开花前结合防治病虫害喷布78%波尔·锰锌可湿性粉剂800～1000倍液+液体硼1000倍液，在盛花期用蜂胶二氢钾800～1000倍液+2%胺鲜酯水剂800～1000倍液+延粉宝+液体硼喷花、蕾，隔10天再喷1次，能显著提高草果坐果率。另外，在草果果实黄豆粒大时，喷糖醇钙800～1000倍液+0.01%芸苔素内酯2000倍液1次，能促进果实发育，稳定树势不旺长，保持无落果，硬核后花芽分化充实。

第七篇　草果病虫害防治

一、病　害

（一）草果立枯病

1. 为害症状

为害幼苗，3～4月间发生，幼苗木质化后，茎部出现白毛状、丝状或白色蛛网状物。根部皮层和细根组织腐烂，茎叶枯黄，干枯而死，但不倒伏。发生严重时会造成成片幼苗倒苗死亡。

2. 发病规律

草果立枯病的发生与环境有着十分密切的关系，其中受温度、湿度的变化影响最为严重。3种侵染性病原能分别以菌核、厚垣孢子或卵孢子度过不良环境，而一旦环境适中，遇到合适的寄主，便会发生侵染。苗木幼苗在生长前期，若遇低温高湿，易被腐霉菌和丝核菌危害，到生长中后期，若高温高湿，则常被镰刀菌危害。

3. 防治方法

（1）播种前用高锰酸钾300倍液或50%氯溴异氰脲酸可湿性粉剂1000倍液进行土壤消毒。

（2）幼苗出土后用1：1：120倍的波尔多液预防。

（3）发病后，拔除病株，在病株周围撒石灰粉，用30%恶霉灵水剂1000倍液，或70%敌磺钠可溶粉剂800~1000倍稀释液，或50%多菌灵1000倍液，每隔7天喷1次，连续喷2~3次，重点淋根部。也可将病株拔除，周围撒施石灰粉消毒杀菌。

（4）幼苗出土后，用1：1：120波尔多液加新高脂膜500倍液预防，或用80%乙蒜素乳油1000~1500倍液浇灌，也可用65%代森锌600倍液加新高脂膜800倍液喷施防治。

（二）草果根腐病

1. 为害症状

主要为害草果根部，发病初期于主根和茎基部产生褐色斑，后逐渐扩大、凹陷，严重时主根变褐腐烂，导致地上部逐渐枯萎。纵剖茎基部或根部，维管束变为深褐色，之后根茎腐烂，不生长新根，发病后期，病株多枯萎而死。

2. 发病规律

病菌以菌丝体和卵孢子随病残体在土壤中越冬。传播主要是带菌的土壤、肥料、农具和浇水等。病菌从幼苗伤口侵入，再借雨水、灌溉水传播。高温、高湿利于此病发生。苗床连茬、地面积水、施用未腐熟的肥料、地下害虫多、农事活动造成根部伤口多的地块发病较重。

3. 防治方法

（1）化肥要薄肥勤施，不施未腐熟的农家肥。

（2）化学防治：在定植以后7~10天，使用25%氰烯菌酯悬浮剂1500倍液+0.01%芸苔素乳油1000~2000倍液灌根，每株用药液量50~60毫升。间隔15天后，进行第二次灌根，每株用药液量200~250毫升。或用50%氯溴异氰尿酸可溶粉1500倍液+0.15%天然芸苔素乳油6000~10000倍液+矿物黄腐酸钾灌根，或用氨基酸+2%胺鲜酯水剂1000倍液+80%乙蒜素乳油1000~1500倍液混合均匀叶面喷雾。

（三）草果疫病

1. 为害症状

成株期至结果期发病，茎、叶、果都可染病。从幼果期就可能开始染病，开始变为紫色，之后变为紫褐色，果

面软腐，最后干枯，通常见不到霉层。叶片染病，初呈水浸状暗绿色近圆形小斑，后迅速扩大为近圆形灰褐色或黑褐色大斑，

易腐烂，病部与健康部位分界不明晰。病株根状茎部呈水浸样腐烂，导致植株死亡。

2. 发病规律

疫病病菌以卵孢子、厚垣孢子在病残体上或土壤中及种子上越冬或长期存活。当温度、湿度适宜时，卵孢子萌发成孢子囊，释放游动孢子，通过草果植株伤口进入植株体内。初期病菌主要侵染幼根和根茎部，在病部产生的孢子囊，随着雨水、灌溉水和各种农事活动中进行传播蔓延。

3. 防治方法

发病初期，及时喷洒50%甲霜灵可湿性粉剂500～700倍液，或64%杀毒矾可湿性粉剂500倍液，或75%百菌清可湿性粉剂600倍液，或25%嘧菌酯悬浮剂1000～1200倍液，或72%克露可湿性粉剂500倍液，或40%霜疫灵可湿性粉剂200倍液等茎秆加叶面喷洒，7～10天喷一次，连喷2～3次，病情较重时每5天喷一次；发病较重时可用25%嘧菌酯悬浮剂800倍液+80%烯酰吗啉水分散粒剂

2000～3000倍液灌根。

（四）草果炭疽病

1. 为害症状

该病属真菌性病害，为害叶片，先在叶片或叶缘出现病斑，初为水渍状褐色小斑，后向下、向内扩展成椭圆形或梭形至不规则状褐斑，病斑轮纹明显或不明显。数个病斑联合呈斑块状，叶片变褐干枯，潮湿时斑呈现小黑点。

2. 发病规律

该病病原属半知菌亚门真菌，病菌以菌丝体和分生孢子盘在病部或随病残体遗落在土中越冬。以分生孢子作为初侵染与再侵染源，借雨水溅射等传播，从伤口或孔口侵入致病。在南方特别是云南，病菌可在田间多种寄主作物间辗转传播危害，并无明显越冬期。连作地、低洼潮湿地或植株偏施氮肥生长势过旺时，易诱发本病。

3. 防治方法

（1）用70%甲基托布津（即甲基硫菌灵）可湿性粉剂1000倍液+75%百菌清可湿性粉剂800倍液。

（2）用45%咪鲜胺水乳剂1500～2000倍液，或50%苯菌灵可湿性粉剂1000倍液。

（3）用50%甲基硫菌灵可湿性粉剂1000倍液，或30%

氧氯化铜悬浮剂300倍液，或50%多菌灵可湿性粉剂800倍液。

（4）用25%溴菌腈可湿性粉剂800倍液，或10%苯醚甲环唑水分散粒剂1000～1500倍液，或80%代森锰锌可湿性粉剂800倍液，或40%多·福可湿性粉剂800～1000倍液，或25%咪鲜胺乳油1000～1500倍液，或60%唑醚·代森联水分散粒剂1500～2000倍液等。兑水喷雾，每7～10天喷1次，连续防治2～3次。

（五）草果叶斑病

草果叶斑病与姜叶斑病、爪哇白豆蔻叶斑病在症状上表现基本一致，只是在病原菌的分生孢子大小上稍有差别，草果叶斑病的姜叶点霉孢子要比姜叶斑病上的病菌孢子在宽度上稍宽些。

1. 为害症状

病斑生于叶上，初期呈椭圆形、近圆形或不规则形。病斑边缘有黄褐色晕圈，中央呈白色，直径1～11毫米，后期病斑连成片。初期叶片呈暗绿色，逐渐变厚有光泽，叶脉间出现黄斑渐渐扩大使全叶变黄而枯凋，病斑表面呈黑色小粒点状。主要危害叶片，病叶上开始产生黄褐色枯斑，逐渐向整

个叶面扩展，病斑表面有黑色小粒点。

2. 发病规律

草果叶斑病病原为草果球腔菌，病菌在病残体上越冬，春天产生子囊孢子，借风雨、昆虫或农事操作传播蔓延。高温、高湿容易发病，连作地、植株长势过密、通风不良、氮肥过量、植株徒长发病重。

3. 防治方法

（1）用60%唑醚菌酯·代森联水分散粒剂1500倍液，或10%苯醚甲环唑水分散粒剂1500倍液，或80%代森锰锌可湿性粉剂800倍液，或43%戊唑醇悬浮剂3000倍液，或50%醚菌酯悬浮剂5000倍液，或50%多菌灵可湿性粉剂400倍液，或64%噁霜·锰锌可湿性粉剂500倍液，或75%百菌清可湿性粉剂600倍液，或50%异菌脲可湿性粉剂1000倍液等。兑水喷雾，每7～10天喷1次，连续防治2～3次。

（2）用2%春雷霉素水剂400倍液使病菌菌丝无法生长；结合新高脂膜500倍液喷施对病原菌菌丝生长抑制率达61%以上。

（六）草果萎蔫病

1. 为害症状

草果萎蔫性病害的特征有很多中，具体可以概括为以下几个方面。首先，病害初期草果的茎叶逐渐变为枯黄，紧接着从茎尖开始，自上而下顺着茎秆全部枯黄，颜色逐渐加深，直至褐色或暗黑色，出现死亡。其次，茎秆的尖端部分的髓心切开之后，会溢出大量的混浊腐败液体，基茎的腐败引发植株的倒伏。再次，根茎水渍状发软腐败。最后，果实成熟前发病植株地上茎萎蔫腐败，蒴果由红变绛红，随之脱落，脱落果实内部隔膜变为褐色，发出一种难闻的霉腐酒糟味。

2. 发病规律

草果处于幼苗期阶段，遭受萎蔫性病害的可能性相对较高，主要表现在幼苗到开花结果偶尔会出现单株萎蔫的情况。通常情况下，草果萎蔫新病害的发生集中在每年春分后，大致在3～4月，雨季到来果实即将成熟之前萎蔫性病害发生的概率处于高峰阶段，也就是每年的7～8月，这一时期草果出现大面积连片枯萎以及死亡的现象。

3. 防治方法

（1）在开花前期、草果采收后，使用充分腐熟的有机肥来促进草果苗健壮成长，提升其抗病能力。在果实期间，可以喷施叶面肥，叶面肥的喷施有利于稳果、提质、增长、促收。另外，还可以辅之必要的中耕、培土作业，有利于土壤通透性的提升，在很大程度上减少病虫害的传播和扩散。

（2）不要过密种植，适当稀植，挖好防洪沟，防止植株根系长期被沟壑水掩埋。

（3）合理培植，定期修剪草果种植园林木树冠层郁闭度，郁闭度不能过小也不能过大，将郁闭度控制在0.5左右为宜。

（4）合理梳理草果兜苗数量，梳理弱苗，保留壮苗，增强植株的抗外界不利

因素的影响能力。定期梳理植株，改善通风透光性能，降低栽培区的湿度，从而降低草果的发病率，降低农户因萎蔫性病害而遭受的损失。

（5）发病初期可以喷施75%的百菌清可湿性粉剂600倍液，或60%杀毒矾可湿性粉剂500倍液，或72.2%的普力克水剂600～800倍液喷雾，每次喷施间隔时间为7～10天，连喷2～3次。对于重病地块用69%的安克锰锌可湿性粉剂900倍液灌根，每株灌75～100毫升。

（七）草果花腐、果腐病

1. 为害症状

花腐病主要为为害花，也能侵染叶、嫩梢等部位。花芽早期感染，变黑枯萎；开花后感染，常形成半边畸形花，从花基部到顶端变浅黄色至褐色枯萎，花茎也有一段

变黑色。叶片被害，病斑多由叶缘开始向内扩展，呈圆形、椭圆形，扩大后引发叶枯；蔓延到叶柄和嫩梢，产生局部溃疡，病斑呈不规则形，长达2~3厘米，初为浅红褐色，后变深褐色至黑色，嫩梢和叶部病斑上都可产生小黑点。插枝切口也可受到感染。果腐病危害果实，常导致草果幼果脱落，果实腐烂，叶片枯死。

2. 发病规律

草果花腐、果腐病是由真菌引起的病害。病菌分生孢子萌发的温度范围很宽，发育适温为25℃，湿度是影响病菌发展的重要因素。病菌主要以菌丝体在病果（僵果）上越冬，第二年春天形成分生孢子，借风雨传播为害。孢子主要通过各种伤口（裂口、虫伤、刺伤、碰伤等）侵入花和果实，也可经皮孔侵入，进行多次再侵染。一般潜育期5~10天。储藏期间，病果上的病菌可以蔓延侵害相邻的无伤果实。

发病较重的情况有：地势低洼、积水，土质瘠薄的草果地的花和果实易发病；偏施氮肥，树体生长过旺及管理粗放的小树、幼树及衰老树易发病；草果地杂草丛生，枝条过多、通风透光差的地块发病重；病害的流行主要和雨水、温度有关，多雨、高温条件下发病较重。

3. 防治方法

在发芽前树上喷3%噻霉酮微乳剂600～800倍液+78%波尔·锰锌可湿性粉剂800～1000倍液；对烂花的在花苞期喷80%大生M-45可湿性粉剂800倍液+50%异菌脲可湿性粉剂800倍液+硼肥，落花后喷80%乙蒜素乳油1000～1500倍液+80%烯酰吗啉水分散粒剂3000～4000倍液。在采收前20天喷80%三乙膦酸铝1000倍液等。

（八）草果线虫病

2013年，在云南省元阳、绿春、金平等地对草果根际土壤寄生线虫的研究发现，草果根际存在2种环科寄生线虫，分别是拉氏小环线虫和弯曲小环线虫。

1. 为害症状

环科线虫是一类具有环形食管的植物性寄生线虫，多数是根外寄生，少数为半内寄生，其中许多种类对经济作物为害很重。受线虫侵染后，草果地上部分不会出现特别明显的症状，除非是线虫发生特别严重、基数特别大的情况下，地上部分才会出现明显矮小、黄化，发生严重时甚至干枯死亡。造成草果干枯死亡时，往往还伴随根部病害及地下害虫的发生。一般情况下，线虫发生严重的话，根部病害及地下害虫发生也比较严重；而根部病害比较严重的话，根部伤口多，也会导致线虫发生比较严重。

2. 发病规律

环科线虫主要以卵在植株根部的病残体或土壤中越冬，在无寄主的环境条件下，可在土壤中存活3年以上。当植物定植后，卵在适宜的环境条件下，一般只需要几小时，就可孵化为幼虫，幼虫2龄以后十分活跃，危害也逐渐加重。

环科线虫最适宜的温度是25～30℃，低于5℃或超过35℃，成虫活动减弱，在27℃的条件下，环科线虫完成一代需要25～30天，一年可发生5～8代。环科线虫的传播主要通过流水、病根、病土等移动性传播，也可通过未腐熟的鸡粪、土杂肥、农事操作、人员走动、各种农具等携带性传播。

3. 防治方法

在定植时，穴施15%粒噻唑膦颗粒剂每亩5千克，或5%粒满库颗粒剂每亩10千克，或98%～100%棉隆（必速灭）颗粒剂每667平方米5～6千克（黏重土6～7千克），

均匀拌50千克细土，撒施或沟施，施药深度20厘米，用药后立即覆土，有条件可浇水并覆盖地膜，使土壤温度控制在12~18℃，湿度40%以上。可以用5%阿维菌素乳油在定植前稀释2000~3000倍液灌根，定植后以同样药量再灌根1次，间隔10~15天。另外，可用中华土壤菌虫快杀700~900倍液或80%敌敌畏乳油1000倍液灌根，也可用3%米乐尔颗粒剂3千克加干细土50千克施入土壤。生长期间可用50%辛硫磷乳油1000倍液，或80%敌敌畏乳油1000倍液灌根，每株用药液0.25~0.5千克。

二、虫　害

（一）钻心虫

1. 为害

以幼虫钻入茎内为害，主要啃食草果的假茎，5~6月份在假茎可以看到明显的虫孔，剥开后可以看到虫体与虫粪，能造成整个假茎枯死。

2. 发生规律

该虫在2~3月份即出现。

3. 防治方法

2月中旬喷药防治，药剂有：

（1）Bt乳剂90毫升/桶（15千克喷雾器）+25%灭幼脲悬浮剂4000~5000倍液。

（2）40%毒死蜱乳油15毫升/桶+25%灭幼脲悬浮剂4000~5000倍液。

（3）50%杀螟松乳油800~1000倍+25%灭幼脲悬浮剂4000~5000倍液。

（4）5%甲氨基阿维菌素苯甲酸盐水分散粒剂3000倍液。

（5）4.5%高效氯氰菊酯乳油1500倍液等。

五种配方每次选择一种交替喷雾，间隔2周，连续喷雾3次。

（二）舞毒蛾

1. 为害

以幼虫取食草果的叶片，把叶片咬成缺刻或孔洞，为害严重时，可将叶芽和花吃光，仅剩叶柄和枝条。

2. 发生规律

一年发生1代，以卵块在树体上、石块、

梯田壁等处越冬。寄主发芽时开始孵化，初龄幼虫日间多群栖，夜间取食，受惊扰吐丝下垂借风力传播，故称秋千毛虫。2龄后分散取食，日间栖息在树杈、皮缝或树下土石缝中，傍晚成群上树取食。幼虫期50～60天，6月中下旬开始陆续老熟爬到隐蔽处结薄茧化蛹，蛹期

10～15天。7月成虫大量羽化。成虫有趋光性，雄蛾白天飞舞于冠上枝叶间，雌蛾体大、笨重，很少飞行。常在化蛹处附近产卵，在树上多产于枝干的阴面，卵400～500粒成块，形状不规则，上覆雌蛾腹末的黄褐色鳞毛，每雌蛾产卵1～2块，400～1200粒。

3. 防治方法

可选用2.5%功夫乳油2000倍液，或20%中西杀灭菊酯乳油1500倍液、20%灭扫利乳油2500倍液、5%来福灵乳油2000倍液、2.5%敌杀死乳油1500倍液；也可用50%杀螟松乳油1000倍液等。

（三）斑 蛾

1. 为害

主要是幼虫为害，幼虫毛虫状，约5龄时叶丝缀合叶

片成饺子状，在里面取食为害，最后使受害叶枯焦状。草果大量被害后，营养不良，花序不易抽出或仅抽出小花穗，结果较少。

2. 发生规律

一年发生2代，以幼虫在草果丛根际枯枝落叶间或土缝隙内越冬，翌年春暖后上树继续危害。第一、二代幼虫发生期分别在6~8月、10月至翌年4月。老熟后在叶片上结茧化蛹。

3. 防治方法

（1）清除叶片苞，烧死幼虫及茧蛹或捕捉成虫，及时清除已结过草果的植株，用土深埋或烧毁。

（2）药剂防治：在幼虫发生初期，即每年3月底到4月初，应用5%敌杀死乳油2000倍液，或5%功夫乳油3000倍稀释液，均匀喷洒发生中心和周围枝梢，防治效果在98%左右；也可应用其他菊酯类农药如20%灭扫利乳油2000倍液，或20%速灭杀丁乳油3000倍液等喷雾，也能达到很好的防治效果。

（四）蝗　虫

1. 为害

成虫、若虫都能为害，主要为害叶片，受害叶片成缺刻状。发生量大时，叶片全部被吃光，严重影响草果生长

发育，直至死亡。

2. 发生规律

每年发生2代，均以卵在土中越冬。越冬卵于4月底至5月上中旬孵化为夏蛹，经35～40天羽化为夏蝗，夏蝗寿命55～60天，羽化后10天交尾，交尾7天后产卵，卵期15～20天，7月上中旬进入产卵盛期，孵出若虫称为秋蛹，又经25～30天羽化为秋蝗。生活15～20天后又开始交尾产卵，9月份进入产卵盛期后开始越冬。

3. 防治方法

（1）人工捕杀：可用捕虫网捕杀，用八号铁丝握成圈，挂上一个纱布袋，将铁丝扎在一个长竹竿上，方便捕捉，捉到成虫和若虫可喂畜禽。

（2）挖到卵块时集中烧毁，消灭。

（3）药物防治：很多化学农药都可以用于防治蝗虫，目前用于防治蝗虫主要有：有机磷类农药的马拉硫磷、敌敌畏等；菊酯类农药的溴氰菊酯、氯氰菊酯等；昆虫生长调节剂的卡死克等。还有很多混配的农药，如快杀灵等等。目前地面化学防治常用农药有：75%马拉硫磷油剂1000倍液、2.5%敌杀死油剂1500倍液、5%卡死克水剂1000倍液、

45%敌马乳油800倍液、30%辛氰乳油1000倍液等，均可按上述农药的使用说明书配药喷施。这几种农药的施药方法是：地面防治的施药方法以超低量喷雾（喷洒药液1.5～2.25升/公顷）和低容量喷雾（喷洒药液10～15升/公顷）为主。也可适当采用喷粉或撒毒饵进行防治。但是在使用化学农药时，要特别注意选择高效低毒、低残留、高选择性的农药，还要严格按照农药使用操作规程，确保安全。

三、其他软体动物

（一）蛞蝓

蛞蝓，又称水蜒蚰，中国南方某些地区称蜒蚰（不是蚰蜒），俗称鼻涕虫，是一种软体动物，与部分蜗牛组成有肺目。雌雄同体，外表看起来像没壳的蜗牛，体表湿润有黏液，民间流传在其身上撒盐使其脱水而死的扑杀方法。

取食草果叶片成孔洞，或副食其果实，影响商品价值。是一种食性复杂和食量较大的有害动物，遇见可将食盐或白砂糖洒在蛞蝓身上，数分钟之后会化成黏液状液体。

（二）蜗　牛

蜗牛是陆上爬行的腹足纲软体动物。其口在头部的腹面，口里有鄂片和齿舌，齿舌上生长着很多排列整齐

的小齿，用来咀嚼和磨碎食物，是多种植物的有害生物。

蜗牛一般一年繁殖1～3代，它们在阴雨多，湿度大，温度高的季节繁殖很快。5月中旬至10月上旬是它们的活动盛期，多于四五月产卵于草根、土缝、枯叶或石块下，每个成体可产卵50～300粒。6～9月为蜗牛的活动旺盛期，一直到10月下旬开始下降。

近几年来，蜗牛对草果造成的危害愈加严重，周边的禾本科植物等也都受到了较严重的影响。蜗牛取食叶片和叶柄，同时分泌黏液污染幼苗，取食造成的伤口有时还可以诱发软腐病，致叶片或幼苗腐烂坏死，给草果种植生产带来了诸多困难。

（三）蛞蝓、蜗牛的防治

通常要采取综合措施，着重减少其数量。消灭成螺的主要时期是春末夏初，尤其在5～6月蜗牛繁殖高峰期之前。在这期间要恶化蜗牛生长及繁殖的环境，具体措施为：

（1）控制土壤中水分对防治蜗牛起着关键作用，上半年雨水较多，特别是地下水位高的地区，应及时开沟排除积水，降低土壤湿度。

（2）人工锄草或喷洒除草剂等手段清除草果树四周、水沟边的杂草，去除地表茂盛的植被、植物残体、石头等杂物。可降低湿度、减少蜗牛隐藏地，恶化蜗牛栖息的场所。

（3）春末夏初要勤松土或翻地，使蜗牛成螺和卵块暴露于土壤表面，使其在日光下暴晒而亡。在冬、春季节天寒地冻时进行翻耕，可使部分成螺、幼螺、卵暴露地面而被冻死或被天敌啄食。

（4）人工捡拾虽然费时，但很有效。坚持每天日出前或阴天活动时，在土壤表面和草果叶上捕捉，其群体数量大幅度减少后可改为每周一次，捕捉的蜗牛一定要杀

死，不能扔在附近，以防其体内的卵在母体死亡后孵化。

（5）撒生石灰带也是防治蜗牛的有效办法。在草果周围或周边撒石灰带，蜗牛沾上石灰就会失水死亡。此方法必须在土壤干燥时进行，可杀死部分成螺或幼螺。

（6）采用化学药物进行

防治，于发生盛期选用2%的灭害螺毒饵0.4~0.5千克／亩，或5%的密达（四聚乙醛）杀螺颗粒0.5~0.6千克／亩，或8%的灭蜗灵颗粒剂、10%的多聚乙醛（蜗牛敌）颗粒0.6~1千克／亩搅拌干细土或细沙后，于傍晚均匀撒施于草果地土面上。成株基部放密达20~30粒，灭蜗效果更佳。还有其他一些药剂防治蜗牛的办法，例如，当清晨蜗牛潜入土中时（阴天可在上午）用硫酸铜1：800倍溶液或1%的食盐水喷洒防治。或用灭蜗灵800~1000倍液，或用氨水70~400倍液喷洒防治；建议对上述药品交替使用，以保证杀蜗保叶，并延缓蜗牛对药剂产生抗药性。

第八篇　草果的采收与加工

一、草果的采收

草果一般栽培2年后就开始进入结果期，6～7年是草果的盛产期，若管理得当可以结果20年左右，目前，平均每亩年产鲜果150千克，折合干果30～40千克。当果实由鲜红转为紫红色，种仁表面由白色变为棕褐色，口嚼后有浓烈的辛辣味时，草果即视为成熟，可以采收加工了，草果成熟后不及时采收则会在植株上自行脱落，破裂。采收时间一般在9月底至10月初，视种植海拔的高低而定，低海拔区会早一点，高海拔区会晚一点。采收果穗时，用镰刀从果穗基部整个割下不能用手直接扭摘单果和果穗，以免伤害根茎和新叶芽、花芽。在烘干前再将果实单个摘下，摘果时可用手逐个将其撕下，也可以用枝剪或剪刀剪取，但需要带一点果柄，避免撕伤到果实基部，这样在烘干时果实不易破裂，确保产品品质。

二、草果的加工

为了提高草果产品质量，需要将摘下的果实立即晒干或者烘干，否则易发生霉变，加工方法有自然晾晒、土窑烘烤、热泵烘干机烘烤等方法，下面我们主要介绍一下土窑烘烤和热泵烘干形式，大家可以进行一些对比。

土窑烘干法介绍：在15°～20°的坡面上挖60厘米宽的一条纵向沟，其两侧用砖活石头砌好，上面用石板盖好，沟长4.5米，使火炕通到窑底，沟头挖一个4.5米×3.6米的长方形坑，深1米，呈凹锅底形，坑上用竹子或木料搭成平面，具有一定空隙，使草果不会下漏为标准，把采来的草果清洗后放在上面，用木材烧火熏干，坑上搭建简易房顶，防止雨淋。草果堆放厚度一般20厘米，一次烘烤750千克，烧火要均匀，每天翻动一次，烘烤时间应保证72小时内烘干，否则易霉变。此方法烘烤出的草果呈深褐色，带有浓烈的烟呛味，国家卫生部的监测发现，用这种方法烘烤的草果含有致癌物质苯并（a）芘达19，比国家规定标准苯并（a）芘小于或等于5超出5倍多，现在国家明令停止销售，不宜采用。

热泵烘干机烘烤：选择一台6匹烘干除湿一体主机，配置5.5米×3米×2.2米×10厘米聚氨酯保温烘干房，选择高温高湿轴流风机8台，每台250W，每个烘干房配置不锈钢物料台车6台，每台物料车1.2米×1米×1.7米，配置物料托盘12层，每层装入草果9～10千克，堆积高度不超过3厘米，一次可以装入草果600～750千克，按照750千克计算，需要排水550千克，剩余干品200千克，温度控制范围70～80℃，烘干时间24小时，零污染，无致癌物质，实现生产全过程无人值守，精确控温控湿，颜色保持较好，系统每小时用电7°，一批次用电量168°，按照每度电1元计算，每千克干草果烘干成本0.84元，折合到新鲜草果，每千克烘干成本只需0.22元，是一种比较理想的烘干系统。

参考文献

［1］金平县科学技术局. 草果［M］. 昆明：云南科技出版社，2006：3-4.

［2］张显努，马钧，张文炳. 香料作物栽培新技术［M］. 昆明：云南科技出版社，2009：3-6.

［3］冷日丹，陈秀虹，王玉鑫. 草果栽培［M］. 昆明：云南科技出版社，1986：3-4.

［4］王正昆，杨延康. 草果栽培技术［M］. 昆明：云南农业科技，2006：35.